講談社文庫

世界のまどねこ

新美敬子

講談社

『世界のまどねこ』

猫は窓の近くで、光を感じながら過ごしている

世界を旅して出会った、窓にいる猫たちの物語

猫が窓辺で伝えようとしたのはなんだったのか

彼らの瞳を見ていると、新たな物語がはじまる

1 南フランスからオランダへ

『世界のまどねこ』目次

イベリア半島 2

3 イタリアとマルタ

バルカン半島からバルト海へ 4

5 中央アジアから極東へ

Chapter 1

南フランスからオランダへ

コート・ダ・ジュールの真っ青な空。爽やかなレモンの香り。窓辺で猫はうとうと。アヴィニョンの橋のたもとからシャンソンが流れてくる。運河の街アムステルダムは窓の街。猫は窓が好き。

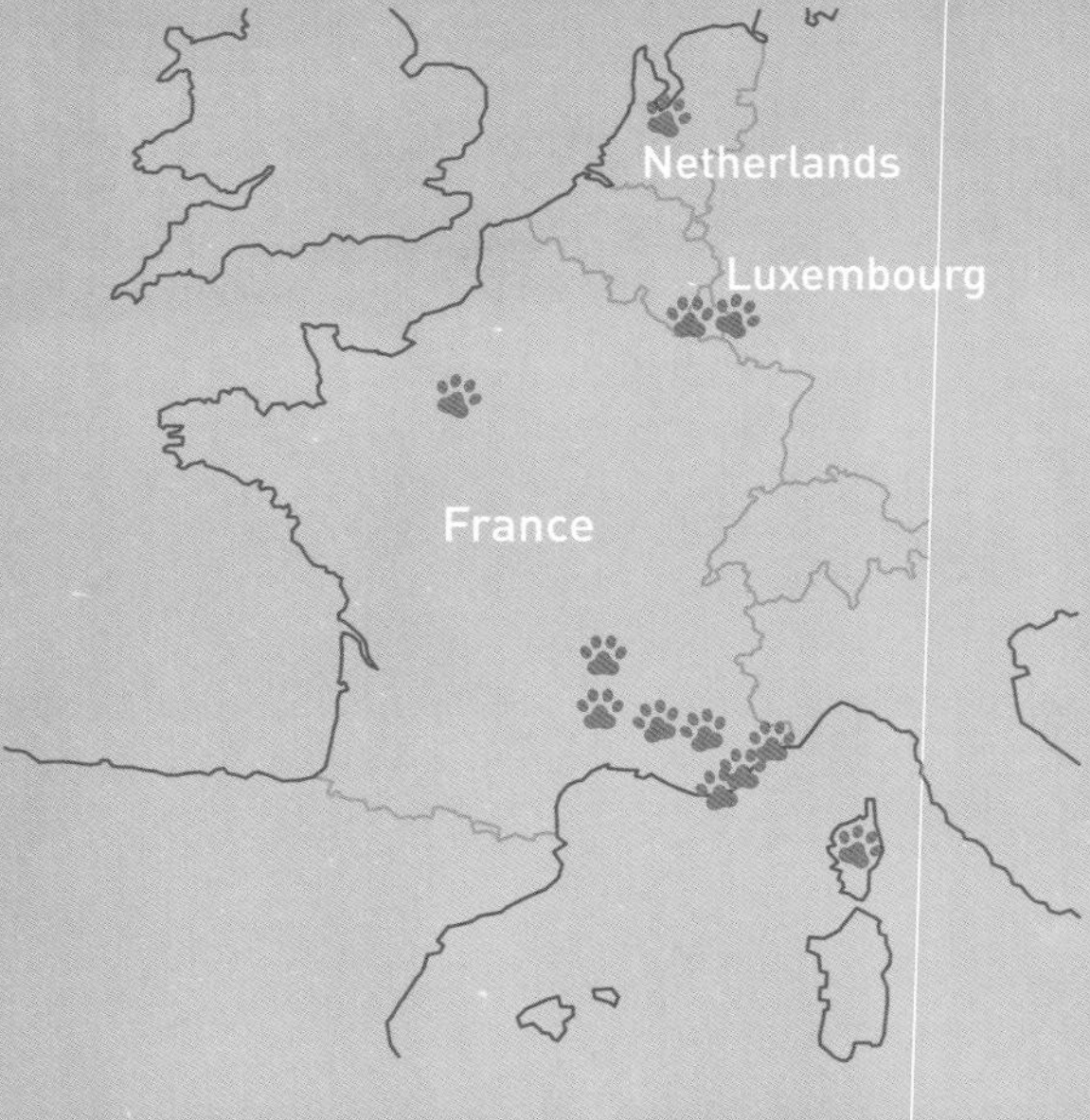

France　午後3時45分

見返り美猫

コート・ダ・ジュール東端の町マントンでは、
イタリアの日差しも感じることができる。
この町に降り立ったとき、ふっと、
爽やかな柑橘系の香りに包まれた。
友人に誘われて、彼女の幼なじみの家を訪ねたときの
手作りレモンケーキの美味しかったこと！
外を眺めていた猫が、「楽しそうね」と振り向いた。

フランス／マントン

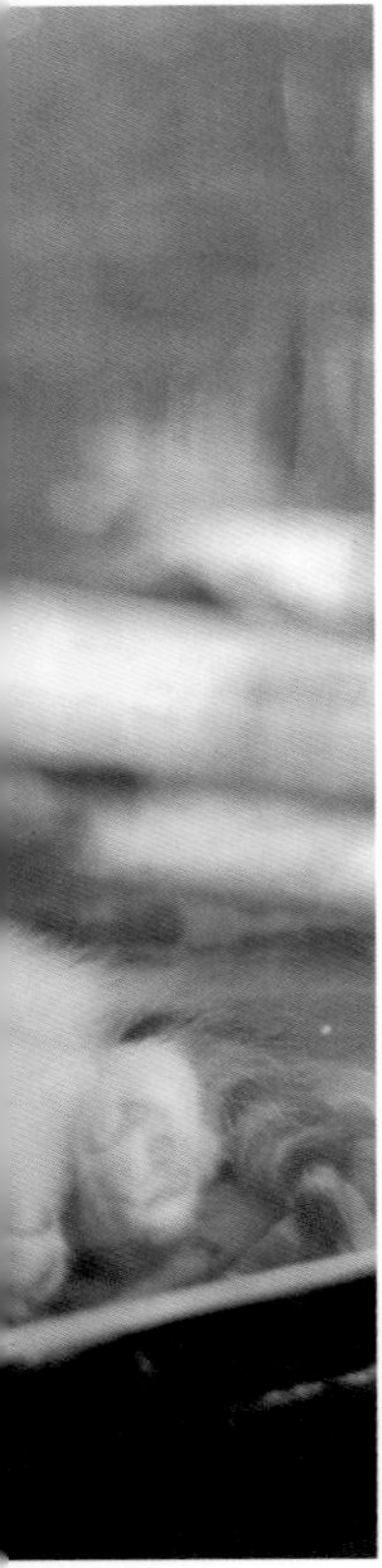

子猫の引力

運河の街を散策するのが楽しいのは、
多くの窓がいろいろな窓を映しているからだ。
対岸の窓たちは、こちら側の窓を見ながら微笑んでいる。
ふと強い視線のようなものを感じ
振り返ったとき、確かにそこには引力があった。
引き寄せられて近づけば、子猫！
きっとすごい目ぢからのおとなに育つにちがいない。

オランダ／アムステルダム

猫も舌打ち

運河沿いに連なる古い建物の2階窓から、
2匹の猫が外を眺めている。シンゲル運河から
直角に舵を切り、ゆっくりと進むボートの中の
大きな犬を目で追っていた。ほんの先ほどは、
いたずらなアオサギが窓をかすめて翼を返した。
ゆっくり進む遊覧船が通りかかると舳先に降りて
得意になっているアオサギに、2匹が舌打ちをした。

オランダ／アムステルダム

光を浴びて輝く

アムステルダムは、光と影の街。
運河は光の通り道でもあるから、
明るさの分だけ、暗い部分が引き締まる。
朝日があたる窓に、ぽっかりと浮かぶ雲が映ると、
シルバーグレーの猫が現れ、姿勢を正した。
ベルベットのような毛並みが、
光を浴びてひときわ輝いていた。

オランダ／アムステルダム

見つめる先は？

雨模様でうすら寒い朝だった。
運河の街の日曜日は、ゆっくりと目覚める。
猫が焦点を合わせていた先を見れば、
お向かいの木製扉に、キャット・ドアがあった。
「きょうは、散歩に出ないのかな？」
シンゲル運河の花市場がにぎわいはじめたのは、
空が青くなった正午を過ぎてからだった。

オランダ／アムステルダム

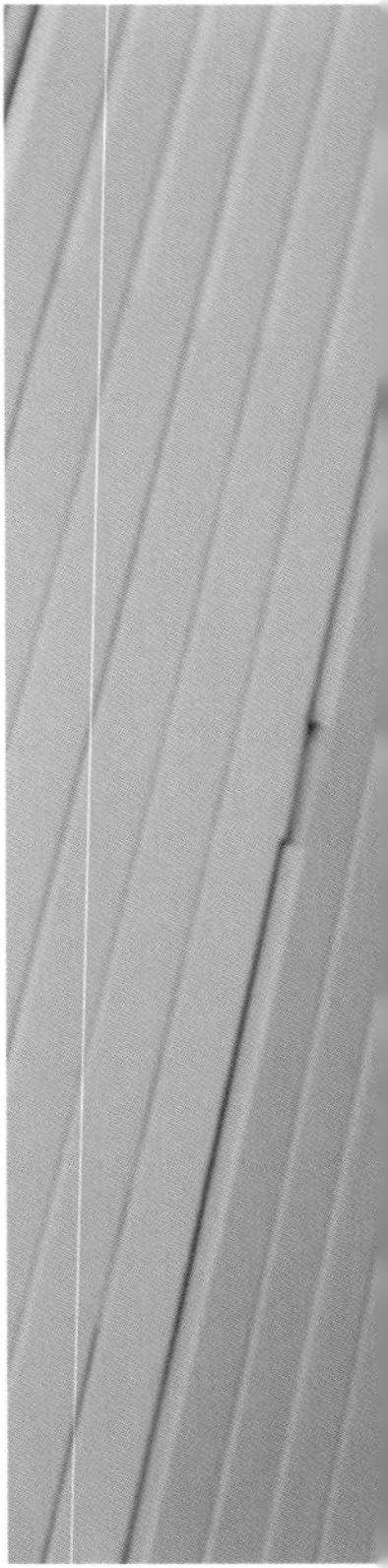

France　午前9時08分

猫も聴いている

土曜日なのに、雨上がりの朝だからか、
思ったよりも早く、住宅地は目覚めていた。
東向きの窓から開きはじめ、そのあと、
さまざまな音が耳に届いた。エディット・ピアフの
『愛の讃歌』が、遠いところから流れてくる。
細い糸を手繰るように、どこからだろうと探れば、
猫のいる窓へとつながっていた。

フランス／アヴィニョン

France　午前8時34分

猫が言ったのかと思った

イースターマンデーの朝だから、遠慮をしているのか
カモメの鳴き声が間遠に聞こえる。
窓にいた猫に「Bonjour」と小さく挨拶をすれば、
「Bonjour」　通りかかった若い男性が返してくれた。
そのとき猫が飛び降り、男性の足に体をすり寄せた。
長いバゲットを脇に挟んで彼は、扉を開ける。猫は
シッポを立てて、彼とともに家の中へと入っていった。

フランス／アンティーブ

France　午後4時07分

猫の信条

プロヴァンスを訪ねる旅の出発点として、
カヴァイヨンを選んだのは、町名の響きが
堂々としたように感じ、ひかれたからだ。
宿泊先周辺を散策しはじめて間もなく、猫と目が合った。
見とれてしまい、それに気がついたのは、しばらく後のこと。
壁の色が、フランス国旗と同じ配色ではないか。
「自由・平等・友愛」の中に、猫はいた。

フランス／カヴァイヨン

道を教えてくれた

ルクセンブルクで最も古いといわれる町へ、
電車とバスを乗り継いで、町外れにあるターミナルに着いた。
右も左も分からないので、バスを降りた7人ほどの後ろを歩く。
一人、また一人と角を曲がり、前を歩く人はいなくなった。
「この石畳の道は、中心地へと向かっていますか？」
見上げる小さな女の子と話していた猫に、聞いてみる。
「まっすぐ歩けば、マルシェ広場だよ」と、教えてくれた。

ルクセンブルク／エヒテルナッハ

Luxembourg　午前10時51分

話の弾むきっかけ

ルクセンブルク中央駅から、昨日は北の町を訪ねたので、今日は、西へと向かう電車に乗ろう。10分ほどで、雰囲気のよい町が車窓に現れた。何を期待するでもなく、人々の暮らしにふれてみたかった。猫のいる窓に心ひかれ、家の人に声をかける。「うちの猫は、特別ですか?」と問われたので、「はい。猫も窓も特別に美しいです」そこから弾んだ会話に、猫は聞き耳を立てていた。

ルクセンブルク／ママー

翌日からサマータイム

3月下旬のアムステルダムは、静かに呼吸をしていた。
日照時間が日に日に長くなり、少しずつ
両手を広げるように、明るい時間が長くなっていく。
日が西に傾くと、日向と日陰の温度差が身にこたえ、
もう宿へ帰ろうと、方向を確認して
歩きはじめたとき、窓から猫が話してくれた。
「日が落ちるのは、あっという間だよ」

オランダ／アムステルダム

Netherlands　午前 9 時 37 分

ベッドの主判明

主のいないベッドは、
小犬のものだろうと思った。
その小さな窓が
どうしても気になり、
運河に靄がかかった翌朝、
太鼓橋の上で演奏する
アコーディオンの悲しげな
音色を耳にしながら
再び路地へと入る。
ベッドの中にいて
窓の外を見ていたのは、

ゴージャスな猫だった。
ちょうど通りかかった猫も、
驚いた様子で足を止める。
互いに見つめ合ったあと、
外の猫は踵を返した。

オランダ／アムステルダム

町を見守る

コルシカ鉄道に乗って、山の中にあるコルテを訪ねた。
凹の形に建てられた古い集合住宅の中庭は、
人や犬と、猫の通り道になっていて、
2階の窓から猫たちが顔を覗かせている。
この部屋で暮らす40代男性は、
「猫を大切にすることが使命だと感じている」と語った。
保護された彼の猫たちは、窓から町を見守っている。

フランス／コルシカ島

中世を猫と旅する

ヴァンスからラリーのスペシャルステージにもなった
曲がりくねった下り坂を走行していたとき、
とんがり帽子の形をした岩山が眼下に突然現れた。
その岩山に張り付くようにある村に行ってみたくなる。
「鷹の巣村」とも呼ばれる村の頂上にあるのは、グリマルディ城。
たどり着いたお城の裏手で待ちかまえていた猫と
中世を旅する気分で、いっしょに石畳の小道を歩いた。

フランス／カーニュ・シュル・メール

鐘の音に反応して

復活祭の祝日が毎年同じでないのは、「春分を過ぎたあとの満月の日の次にくる日曜日」と定められているからだ。つつがなくこの日を迎え、町は活気づいている。

窓辺で、猫は耳をすましていた。

シャルトル大聖堂の鐘の音は厳かに、春の訪れをよろこんでいるかのように響いた。猫は雰囲気を味わいながら、シッポの先でリズムをとっていた。

フランス／シャルトル

見送る猫

モンテリマールからローヌ川を南下する旅で
オランジュ旧市街に立ち寄った。
想像していたよりも町は小さくまとまっていて、
褪せたワイン色の窓辺にたたずむ猫の
人待ち顔が気にかかる。「今日はどちらへ？」
「シャトーヌフ・デュ・パプへ行くよ」
互いに小首を傾げ「またね」と伝え合った。

フランス／オランジュ

励ましてくれる

プロヴァンスの小さな村を訪ねる旅は、
おとぎ話のように、ひととき浮き世を忘れさせてくれる。
旅人が携えた古いガイドブックには、
つけた付箋の数だけ夢が詰まっているのだろう。
小高い丘にあるボニューの坂を上っていくと、
「こっちだよ」と、窓から声をかけてくれた猫。
壁の色が、その黒猫にとてもよく似合っていた。

フランス／ボニュー

花を観察

アムステルダム中央駅に近い繁華街は、密度が高く感じられる。扇形に広がる運河の要部分から遠ざかるように、西へと進んでいったとき、大きな空を見つけた。窓の前にしつらえられた箱庭は丹精され、猫が、紫陽花を思慮深く観察しているようだった。もしかしたら、花の色が変化することに気がついているのかもしれない。

オランダ／アムステルダム

カフェの窓猫

大きなガラス窓の小さなカフェはにぎわっていて、
幸いなことに窓際の席が一つだけ空いている。
雨宿りしたくて座ると、すぐに猫がやってきた。
注文したカフェオレと同時に、猫へも水が届く。
「Pedro」と書かれたマグカップは彼専用のものだろう。
忙しい店の人には聞けないから、ペドロと話そうか。
水を飲んでいると思ったら、彼はもう眠っていた。

オランダ/アムステルダム

心配でたまらない

夏に向かう朝は、曇り空。お天気がよくなくても
マルシェが立つ土曜日のおばあちゃんは、朝からウキウキ。
いまごろ友だちと、おしゃべりに花が咲いて、
口を隠しながら大笑いをしているにちがいない。
それとも、ボーイフレンドと再会できたのかな？
帰りが遅いと心配した猫が窓から身を乗り出して、
広場の方向に目を凝らしていた。

フランス／カヴァイヨン

Netherlands　午前11時32分

大きな顔した鳥

運河に架かる橋の影に入って、
魚たちは自由を謳歌しているにちがいない。
意地のわるそうな大きなアオサギがときどき
首を傾げては、水の底を覗き込んでいる。
それをじっと見ていた猫が、
「アオサギって、なんだか許せないですよね！」
と、窓から話しかけてきた。

オランダ／アムステルダム

踊る猫

ヘーレン運河に架かる橋のたもとの広場で、
ＪＡＺＺセッションがはじまっていた。
洗練され華やかに響くヨーロッパＪＡＺＺ。
曲が終わるたび、大きな拍手と指笛にたたえられた。
小さな女の子が、可愛らしく踊り出す。
窓辺で耳を傾けていた猫も、
つられてステップを踏んでいた。

オランダ／アムステルダム

窓をはなれて

ねころび

ねころぼうと思うと、
でんぐり返しになっちゃうの……

ポルトガル／ファーロ→ 074ページ

マルタ／ゴゾ島→ 122ページ

ベンチでごろね～

わたし、妊婦さんなんで、
楽な体勢を心がけているのよ

ポルトガル／タヴィーラ→ 084ページ

ねころんだあとは、
身だしなみを
整えるのさ

フランス／カーニュ・シュル・メール → 038ページ

Chapter 2

イベリア半島

風のような口笛を吹く人が通り過ぎると、窓辺に姿を見せる猫がいる。おばあちゃんのお手伝いだってできる。ファドはここで聴くのがよいと教えてくれたりして、猫は窓から話しかける。

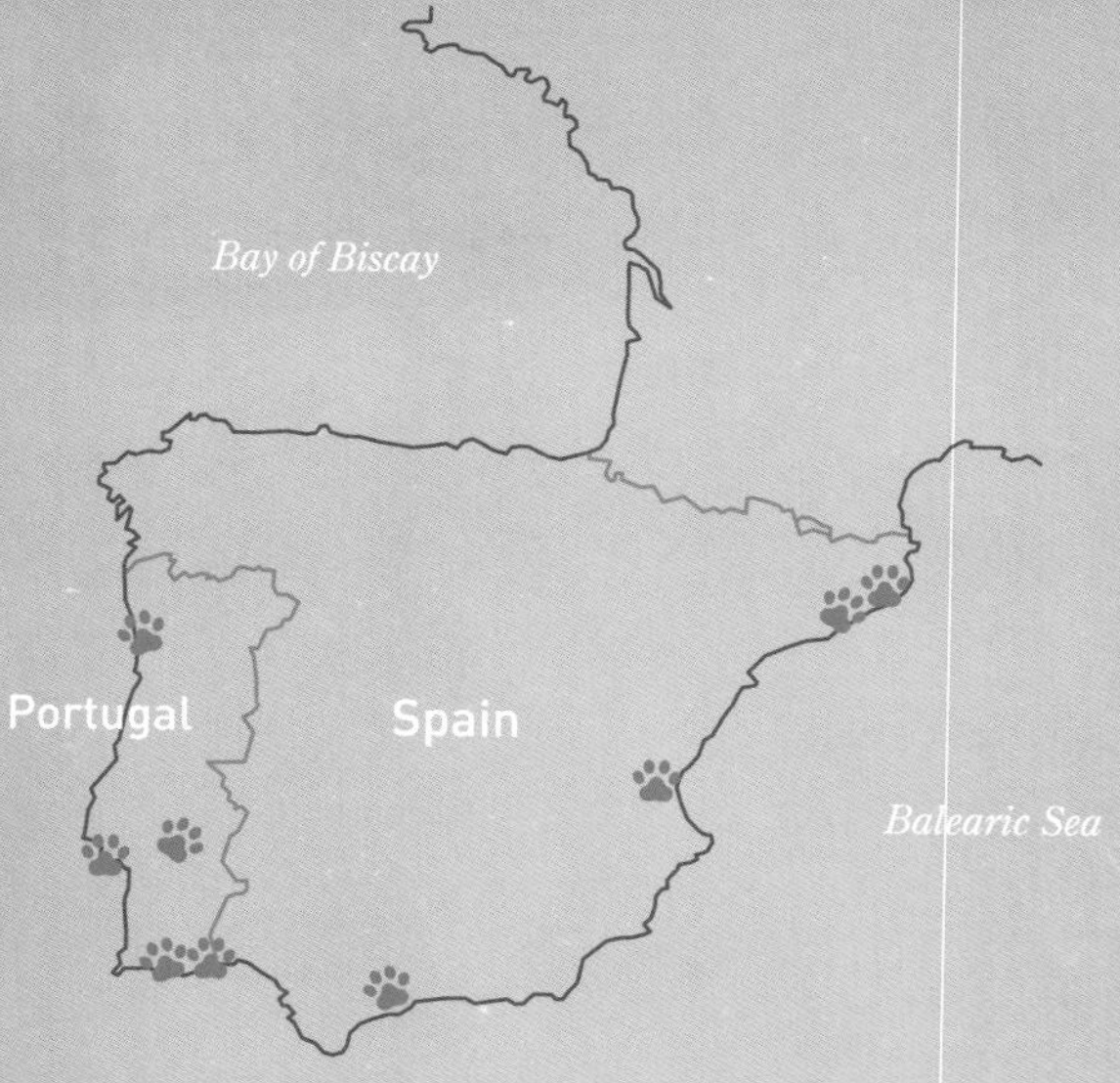

Portugal　午前6時30分

常夜灯の明かりが消えて

ジラオン川を挟んだ両岸がまるで桟敷席のように
タヴィーラの町は広がっている。
東向きの河口に朝日が差したときにはまだ薄暗く
静かに窓が開きはじめていた。
風のような口笛を吹く人が通り過ぎると、
常夜灯の明かりが消えた。それを待っていたかのように
窓から猫が身を乗り出した。

ポルトガル／タヴィーラ

いっしょに待つ

石畳の坂道はときどき階段になっていて、
往来の音が建物に反響し、輪唱のように聞こえていた。
窓がついている玄関ドアの開いた部分に乗り、
猫は、ケーブルカーをじっと見つめている。
この街のドアに窓があるのは、訪ねてきた人と
一刻も早くおしゃべりを楽しみたいからだという。
友人を待つおばあちゃんに、猫は寄り添っていた。

ポルトガル／リスボン

Portugal　午後3時31分

深海からのアドバイス

サン・ベント駅を目指していたつもりが、
曲がり角を一つ間違えていた。
そのまま歩き続けていたら、迷子になって
途方に暮れていたにちがいない。
2階の窓から、大きな耳がこちらを向いて
注意を促すかのように輝いたのだった。
深海を思わせるタイルの上に猫は浮かんでいた。

ポルトガル／ポルト

63

においの便り

テージョ川の河口にできた古都リスボンは、
北に向かって上り坂になっているので、
川岸から、太陽に背を向けて歩きはじめよう。
住宅街の路地に入ると、いろいろなにおいがやってきた。
洗剤のにおい。カステラを思わせる甘いにおい。
葡萄のにおいは、年代物のポルト酒由来のものだろうか。
窓辺にたたずむ猫は目をつむり、においの便りを受け取っていた。

ポルトガル／リスボン

Portugal　午後3時27分

旧知の猫を訪ねて

この町にくるのは何年ぶりだろう。
変わらない町並み。変わらない静けさ。
大聖堂の鐘の音が聞こえたとき、思い出がよみがえる。
そうだ、あの頃仲よくしていた猫に
会いに行こうではないか。足が覚えていたその場所は、
記憶とは異なるところにあった。
窓は新しくなっていて、若い猫がすましていた。

ポルトガル／エヴォラ

お手伝いなんだよ！

おばあちゃんが洗濯物を干しているとき
2匹の猫が邪魔をしているように見えたのだが、
「お手伝いをしてくれているのよ」という。
どんなお手伝いなのですか？
「洗濯バサミの向きを直してくれるし、
手を温めてもくれてね、助かっているのよ」
猫たちは「そうなんだよ！」と、こちらを見た。

ポルトガル／エヴォラ

見送ったあとも

少し離れた町の工場に勤める若者は、
オフロード・バイクにまたがり出かけていく。
お母さんと猫が、窓から見送っていた。
いまごろ、コルク樫の林を通り抜けているだろう。
猫は、遠くを見つめている。その窓の近くで、
歴史を知る石畳の補修工事がはじまった。
窓辺に座ったまま、猫は漂う土のにおいをきいていた。

ポルトガル／エヴォラ

Portugal　午後5時26分

待っていた猫

ファーロ大聖堂とその周辺は砦に囲まれていて、
城下町のような人々の暮らしがある。
15年前に訪れたときのことを思い起こせば、
生活感が薄らいだかもしれない、と感じながら
目的地の小さな広場まで歩いた。
そこは、猫と遊んだ思い出の場所。
壁が塗り替えられた窓辺で、猫が待っていてくれた。

ポルトガル／ファーロ

足跡のスタンプ

日本から天正遣欧少年使節が訪れたことを、
長老が昔話のように語ってくれた。
史実が交錯する町並みが、数百年も前から
変わらないのは、礼賛すべきことではないか。
旧市街は、きっと猫たちにとっても暮らしやすいところ。
腰高窓が大きく開いているから、
窓の下の壁にほら、いくつも足跡がついている。

ポルトガル／エヴォラ

幽玄な影

ポルトガル南部のアルガルヴェ地方に着いたとき、
ユーラシア大陸の最果てに来たという寂寥感に包まれた。
不意に頭の上から、カカカカカカ……、
枯れたカスタネットのような音がして、見上げれば、
コウノトリが巣の上で雛をあやしていたのだった。
窓からその影を見つけた猫は、釘付けになっていた。
羽を広げた影は、惑わすように美しく動いた。

ポルトガル／ファーロ

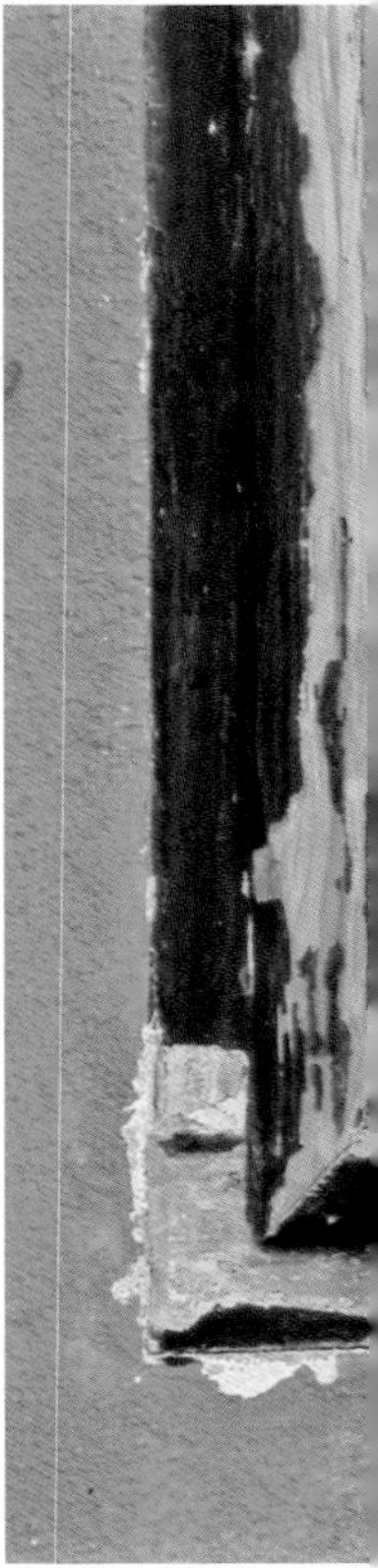

足をぶらぶら

長い雨がようやく上がって、誰しも
濡れた石畳の上を歩くときは、注意深く足元を見ている。
視線を下向きにばかりしていては、つまらない。
猫背をここで矯正すべしと胸を張れば、角を曲がったところで、
おお！　窓から足を投げ出して、
ぶらぶらさせている猫が目に飛び込んできた。
雨上がりの空気に猫のヒゲは、
わずかに重くなっていた。

ポルトガル／エヴォラ

窓から観戦

ポルトガル本土で最も南に位置する町は、
白い家の壁が空の青さを際立たせている。
太陽と潮のにおいが漂う旧市街の路地裏で、
少年と小さな犬がサッカーボールを奪い合っていた。
石畳の上でボールは予想外の方向へと飛び跳ねるので、
少年も犬も面白くてしょうがない。猫はときどき、
ピクリと体を動かしたりしながら見つめていた。

ポルトガル／ファーロ

1

おなかを見せて

窓辺にいた猫は人の気を引きたかったのか、
振子時計のように、シッポを動かしていた。
声をかければ、するりと降りて、「こっち」と誘う。
日だまりまで導いて寝転び、腹を見せた。
「おなかが大きいんじゃないの?」そっと手を当て、
「赤ちゃんが元気に育ちますように」とやさしくなでる。
若い猫は、ゴロゴロと大きく喉を鳴らし続けた。

ポルトガル／タヴィーラ

Portugal　午後1時23分

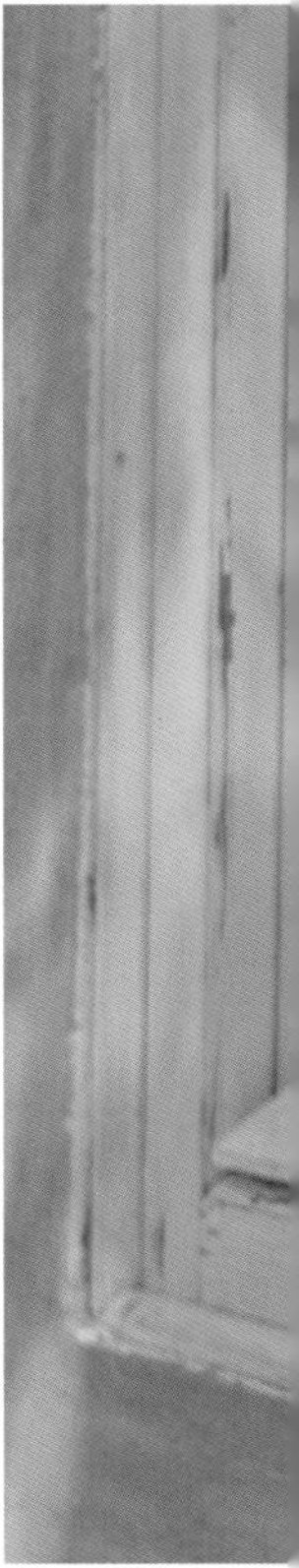

影が笑うパティオ

ローマ時代に造られたポンタ・ロマーナ（ローマ橋）を中心に
こぢんまりとまとまったチャーミングな町には光が憩い、
散歩する猫の足取りも軽かった。
白い家に囲まれたパティオの木々は影を落とし、
そよ風が吹けば、影は笑うように揺れた。
キラリと光った窓があったので近づくと、
「よく気がついたね」と、猫が大きなあくびで迎えてくれた。

ポルトガル／タヴィーラ

Portugal　午前8時47分

名残惜しい猫と町

この町とも今日でお別れ。名残惜しさに
ジラオン川の川べりを歩いていると、
シッポを立てて猫が足元に絡みついてきた。
昨日おなかをなでた猫だと、すぐに気がついた。
うれしくて、話しかけながらゆっくりなでていると、
なんだか強烈な視線を背中に感じた。
窓から見ていた猫は、目をそらした。

ポルトガル／タヴィーラ

ブラインドを押し上げて

コスタ・デル・ソルの海岸線から丘陵地へと広がる
アンダルシア地方には、眩しい「白い村」が点在している。
その代表格の村ミハスの坂道を、いつまでも歩き続けた。
傾斜がきつくなったところで足を止めると、
窓のまん中あたりから、猫がひょっこり顔を出した。
天然素材のブラインドを軽く押し上げながら隅へと移動。
何かを伝えたそうな面持ちだった。

スペイン／ミハス

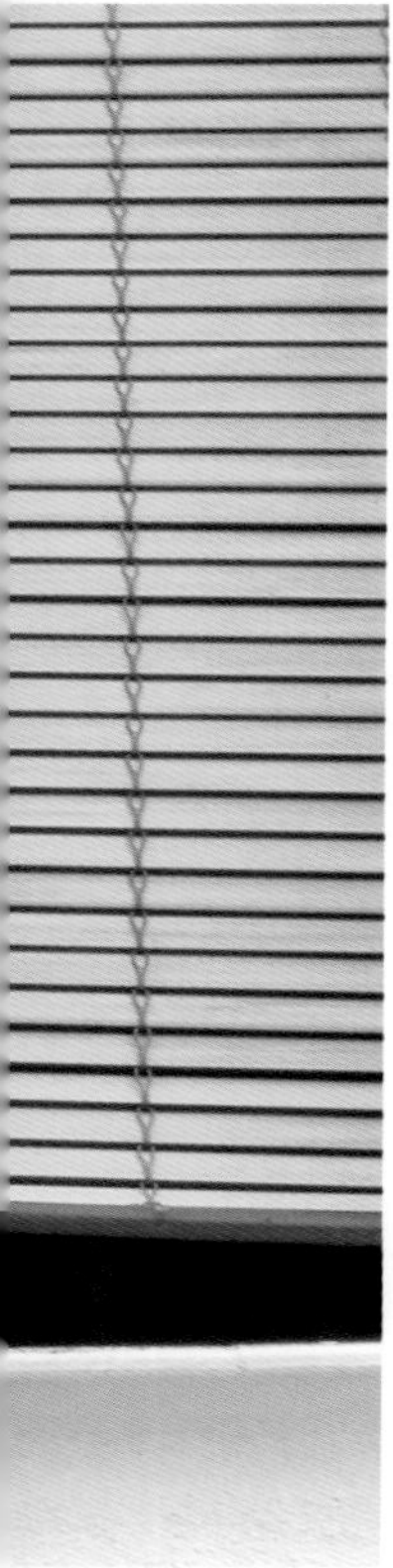

Portugal　午後2時56分

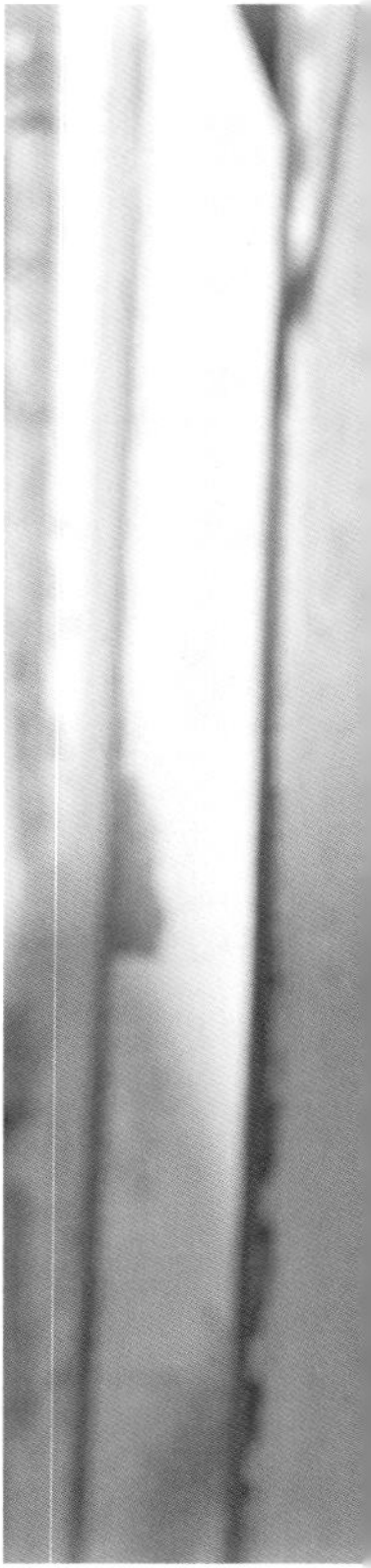

光の行き先を知っている

首都リスボンから南へおよそ２８０km。
自然保護区フォルモーザ潟に接する場所にあるこの町では、
不思議なほどに「光」を意識させられた。
新石器時代から人類が暮らしていたという町の成り立ちは、
もしかしたら、どの家の窓にも平等に光が入るようにと
考えられたものかもしれない。やさしくカーブした路地で
これから日のあたる窓辺に、猫は飛び乗った。

ポルトガル／ファーロ

Spain 午後1時12分

白い村の渡し板

「太陽の海岸」と呼ばれる
観光地のフエンヒローラから
白い村ミハスを訪ねた。
つづら折りの山道を上るバスに
いささか酔ってしまい、木陰で休憩をしていた。
大きな赤トラ猫がやってきて、
「僕のおうちはここだよ」と、
シッポを振った先を見ると、
窓から板が渡されている。
ここから飼い猫十数匹が出入りしているという。
「猫は窓が好きだから」
奥さんが、問わず語りで話してくれた。

スペイン／ミハス

捕まえたいもの

バダロナという町に、バルセロナのテトゥアン駅から
地下鉄２号線に乗ってやってきた。
かつて目抜き通りだったとても短いバルセロナ通りを歩けば、
ささやかなコンスティトゥシオン広場に突きあたる。
教会の尖塔が崩れたままの姿を映す窓で、
猫が爪先立ち、両手を高く伸ばしていた。
捕まえようとしていたのは、なんだったのだろう。

スペイン／バダロナ

ファドを聴く

古城跡近くにある小さな劇場の扉が開いていた。
ファドの歴史あるライブ会場で、
午後5時開演、1時間のステージだという。
その時間は、撮影に最も適した光線のときだから、
聴きたいけれどこられない。諦めたとき、
達観したそぶりで猫が呟いた。
「おいらはここから、耳を傾けるのさ」

ポルトガル／タヴィーラ

シッポで誘う

バレンシア中心地から地下鉄に乗って、
今日は郊外へ出てみよう。
行き先がどこだろうと、次にきた電車に乗る。
電車は、駅を2つ過ぎたところで地上に出たので、
車窓からの景色を楽しむことができた。
終着点リリアに降り立つと、オレンジの香りがした。
窓辺にいた猫が「遊ぼうよ」と、シッポを振った。

スペイン／リリア

フェンス越しにアイコンタクト

猫っぽい地名だからと向かったムンガットは、なんとなく期待外れで、駅周辺はさることながら、商店街も閑散としていた。高速道路をくぐって住宅地へと向かえば、猫のいる窓があった。猫に挨拶をしたとき、「名前は、ミーンだよ」。教えてくれたその家のおにいさんは、自転車で出かけていった。

スペイン／ムンガット

窓をはなれて

見回りと応援

境内の保安係を
しているの。
ときどき隠れたりして

ラオス／ルアンパバーン→220ページ

マルタ／ゴゾ島→126ページ

DIYで
豪華庭園にすると、
息巻いている
お母さんを応援

不審物はないか、町のおまわりさんしてるんだ

モンテネグロ／ブドヴァ→168ページ

スロベニア／コーペル→178ページ

お父さんが
また出かけちゃったから、
路地で待ってる

Chapter 3

イタリアとマルタ

大きな窓に寄り添って、ブーゲンビリアの葉音に興味津々。風から情報を得る猫たちが暮らすゴゾ島のまだ幼い猫が、風の歌を聴いていた。ヴェネツィアの猫は、街のにおいもきいている。

レッドは人見知り

静かな小径に黄色い網戸の窓があり、
人待ち顔の猫がいた。引き寄せられて立ち止まれば、
猫はたちまち不機嫌な顔になった。
「ごめんね、知らない人は怖いよね」
立ち去ろうとしたとき、飼い主さんが顔を出し、
「レッドっていう名前なの、人見知りなのよ」
レッドは安心したのか、背筋を伸ばして座り直した。

イタリア／サルデーニャ島　サッサリ

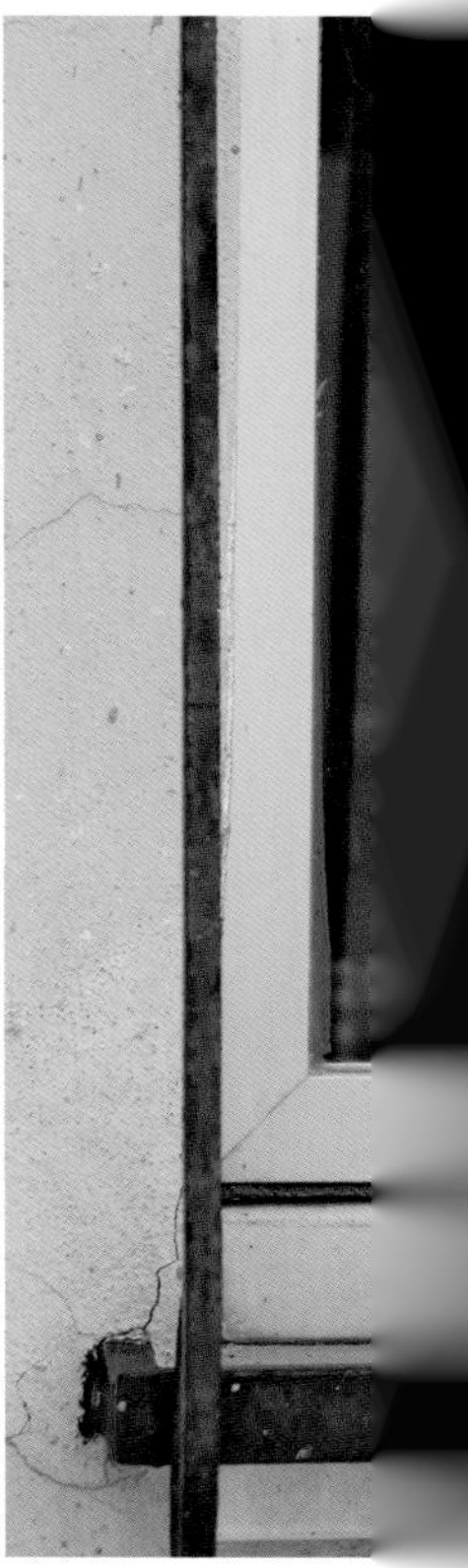

行きつけの店

宿泊していたホテルから、テイクアウトのピッツァ職人の店へと向かう途中の窓に、猫がいた。

戻り道でも会えるだろうかと目をやれば、その家の奥さんが器にドライフードを出している。

「どこの猫か知らないのよ……、うちをレストランと思っているみたいね。まぁ、幸せなことだわよ」と、奥さんは両手を広げて言った。

イタリア／サルデーニャ島　サッサリ

自慢の猫

窓から外を見ていた猫に話しかけると、
飼い主さんがニコニコしながら現れ、
「ペッピーナよ」と、猫の名前を教えてくれた。
と同時に、「オンブレはどこ?」と、探しはじめる。
「もう1匹、きれいな猫がいるのよ」
「呼んだ?」。ひょっこりと顔を出したのは、
オンブレ（影）という名の猫だった。

イタリア／サルデーニャ島　サッサリ

クッションの上にいた

スイスとの国境にまたがるマッジョーレ湖のほとり、ストレーザの町は思いの外、可愛らしかった。旧市街中心にある老舗ホテルを拠点に、狭い路地をゆっくり歩くと、窓辺でまどろむ猫の姿が遠目に見えて、1歩近づくたびに心が強くときめいた。北東向きの家だから、日差しを浴びられる時間は限られている。朝のとてもも貴重なひととき。

イタリア／ストレーザ

Italy　午前11時51分

行き止まりは猫のパラダイス

一方通行のサンタポッツリナーレ通りは、
ゴツゴツと石畳が主張をしている狭い通りで、
町の重要な道ながら、ときどき小さな車が、
遠慮するように走行しているだけだ。
その通りから枝葉に分かれた行き止まりの場所は、
数匹の猫たちが遊ぶパラダイス。
大将格の猫が、窓から注意を払っていた。

イタリア／サルデーニャ島　サッサリ

猫の玄関

セミナリオ・ヴェッキオ通りは、
サッサリ旧市街の中でもっとも古い小径の一つだ。
馬は通れなかったのでは？　と思うほど狭い道に
草木が丹精され、猫が気ままに歩いている。
窓を専用の玄関としている猫のため、
物を置かないようにしているのだそうだ。
窓は大きく開いていた。

イタリア／サルデーニャ島　サッサリ

眺望良好

シチリア島北西部に、天空の村がある。
港町トラーパニからバスに揺られ、およそ30分で、
標高751mのエーリチェに到着した。太陽が高くなると、
どんよりと曇っていた空が、みるみるうちに青くなり、
トラーパニ市街と塩田、地中海が眼下に広がった。
外壁だけが残った家の窓からパノラマの眺望を堪能する
猫は、シッポをそっと置いていた。

イタリア／シチリア島

風の歌を聴く

「マルタの奥座敷」とも呼ばれるゴゾ島は、
長さ約14km、幅約7kmの島。
小さいからという理由ではないと思うが、
マルタ島よりも吹く風が力強く感じられる。
「奇跡の教会」といわれるタ・ピーヌ聖堂近くで、
風から情報を得る猫たちが暮らしている。
まだ幼い猫が窓辺で、風の歌を聴いていた。

マルタ／ゴゾ島　サンローレンツ

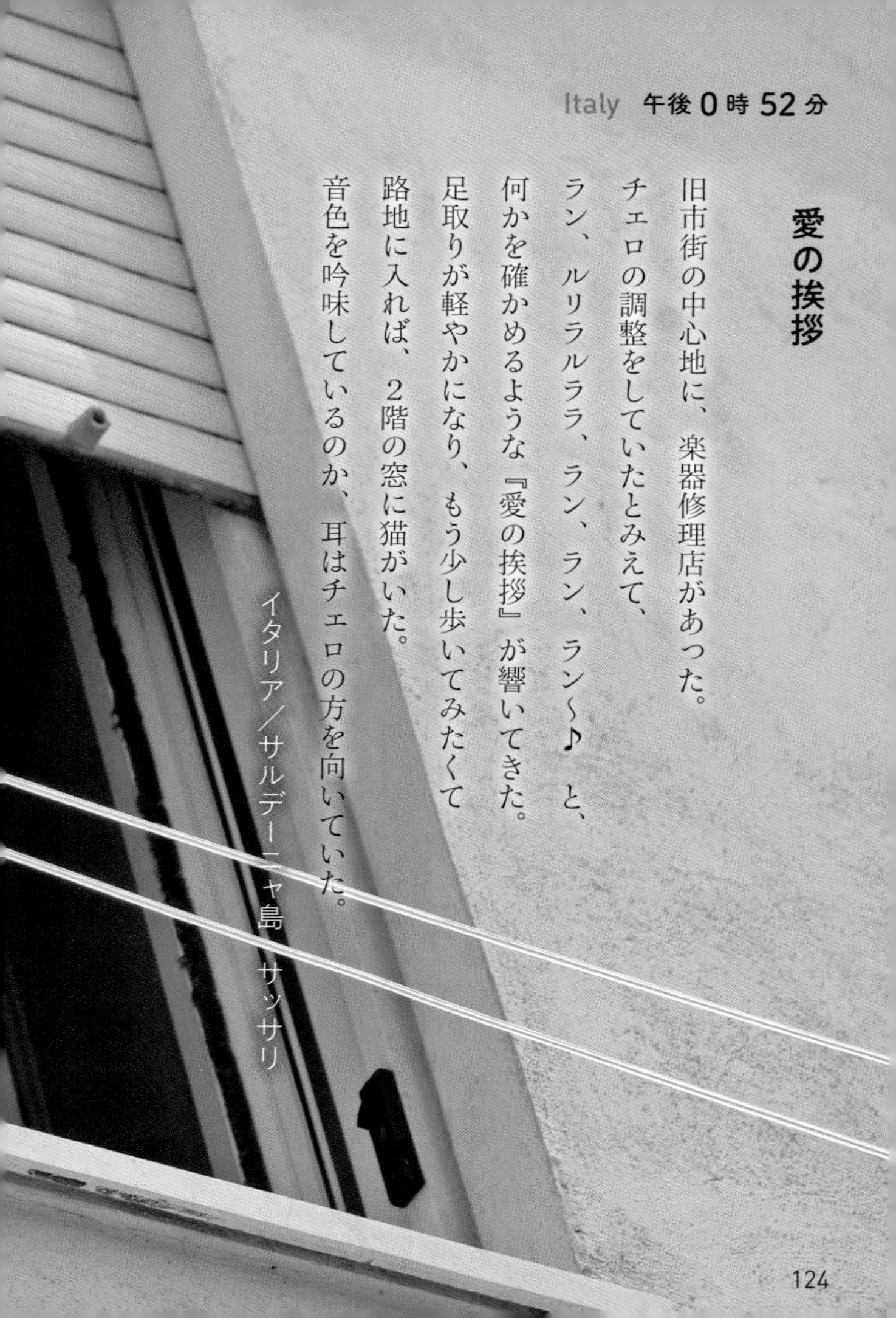

Italy 午後0時52分

愛の挨拶

旧市街の中心地に、楽器修理店があった。
チェロの調整をしていたとみえて、
ラン、ルリラルララ、ラン、ラン、ラン、ラン〜♪と、
何かを確かめるような『愛の挨拶』が響いてきた。
足取りが軽やかになり、もう少し歩いてみたくて
路地に入れば、２階の窓に猫がいた。
音色を吟味しているのか、耳はチェロの方を向いていた。

イタリア／サルデーニャ島 サッサリ

大きな窓

マルタ島北西部のチェルケウア港からフェリーに乗ると、
コミノ島の島影に沿いながら、30分ほどでゴゾ島に着く。
牧歌的な雰囲気のこの島は、人も猫も
のんびりと暮らしているところ。
植物にふれ、心地よい風に吹かれれば、
離れ小島の寂寥と友だちになれる。
大きな窓なのでいっそう、猫が小さく愛おしく見えた。

マルタ／ゴゾ島　アーブ

におい誘われて

サンタ・ルチーア駅から1歩外に出れば、目の前はカナル・グランデ（大運河）で、ヴァポレット（水上バス）乗り場がいくつも並んでいる。水上交通を利用するか、徒歩で行くか。焼きたてのパンのにおいに誘われ、歩いてスカルツィ橋を渡ることに。次に漂ってきたのは、アーリオ・オーリオの香りだ。窓辺でうつらうつらしていた猫も、鼻を動かしていた。

イタリア／ヴェネツィア

Italy　午後2時14分

思い出はいつまでも

電車が、リベルタ橋を渡りはじめると同時に、
1羽のカモメが車窓に見えて、
サンタ・ルチーア駅まで並走を楽しんだ。
ヴァポレットは、とても混んでいるから、
石畳の道を、のんびりと歩こう。
グーリエ橋。ここで猫を写したのは、四半世紀前のことか。
思い起こしていると、こちらを見つめる猫がいた。

イタリア／ヴェネツィア

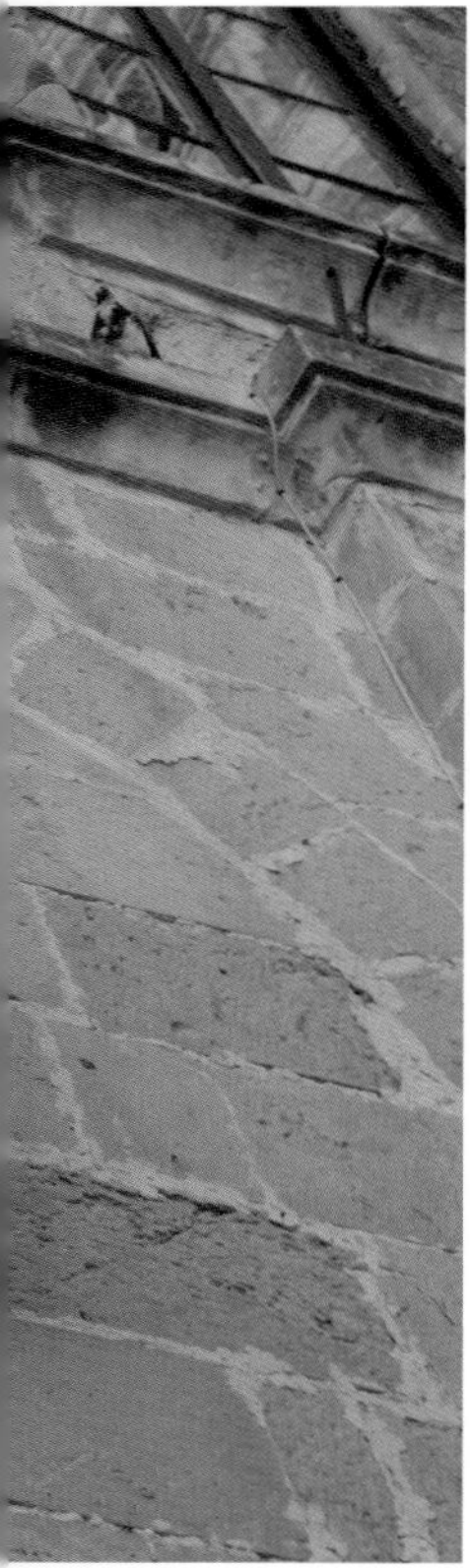

大理石の感触

およそ400年前の町並みをいまに伝える
首都ヴァレッタ。大理石でできた階段は、中央部分が
ゆるやかに丸みを帯びてくぼんでいる。
馬の蹄も石を叩いたことだろう。ふと、見上げれば
空の色に塗られた窓に猫がいた。
じっと見ていたのは、階段をゆっくりと下りる猫の姿。
石の上を歩く肉球の感触を想像していたのかもしれない。

マルタ／マルタ島　ヴァレッタ

「きてくれないかな……」

水の都ヴェネツィアの路面は濡れていた。
グラン・カナルから離れたところでも、
高潮の影響を受け、家の中まで浸水しそう。
若い猫が窓辺で、困った顔をしている。
水溜りは嫌いだから、友だちに会いに行けない。
「遊びにきてくれないかな」
太鼓橋の向こうに目を凝らしていた。

イタリア／ヴェネツィア

喧騒を逃れて

秋風が吹きはじめたというのに、ヴェネツィアは
大勢の男女であふれていた。
人の重さで、地盤沈下しないか心配になるほどだ。
ゴンドラの数は、かつてより少なくなったのか、
乗船を待つカップルは、時間を持て余していた。
にぎやかな場所を離れ、ガラス工芸の島、ムラーノへ。
やわらかな光のもと、船着き場から猫のいる窓が見えた。

イタリア／ムラーノ島

小窓から応援

マルタで最もにぎわうサン・ジュリアン地区に
かつて漁師町だった味わい深い入り江がある。
そこは、猫の楽園。
海岸線に沿って設けられたプロムナードで、
猫たちがのんびりと暮らしている。
猫のために魚釣りをする人の後ろ姿を
応援するようにそっと、見つめていた。

マルタ／マルタ島　スピノーラ

〝映える〟とわかっている

マルタでは、「マドンナ」と呼ばれている三毛猫。
往来を守るマリア像のように、三毛猫は女性だからだ。
おおかたの三毛猫は自尊心が強いものだけれど、
マルタのマドンナたちには、加えて
強いこだわりがあるのではないか。
この窓なら、いっそう美しく映えると知っていて、
誰かを待ちながら、たたずんでいる。

マルタ／マルタ島　ブッジバ

妹を守るため

歴史の深い石畳の街を歩くときは、耳をすまそう。

カチカチ、カチ、カチ、と不規則に小さな音が聞こえる。

長い耳で地面にふれながらにおいに集中するビーグル犬の首輪につけられたチャームが鳴っていた。

猫は、窓の下に犬が来ることを快く思わない。

窓枠に手をかけ、自らを大きく見せようと必死だ。

シッポを振りながら、犬をにらみ、足踏みしていた。

マルタ／マルタ島　ラバト

Malta　午前9時43分

ぬいぐるみかと思った

ラバトは、かつて首都だったイムディーナの隣町で、
風格のある家並みが続く。
建物の外壁はマルタ産の石と定められているから
統一感があるが、一軒一軒はとても個性豊かだ。
窓というより、小部屋のような空間に猫はいた。
自分に与えられた場所が快適だから、誇りに思う。
そんな気持ちを伝えたくて、外を見ているのかな。

マルタ／マルタ島　ラバト

わたしを見て！

聖ヨハネ騎士団によって築かれた
城壁で囲まれた街、ヴァレッタ。
岬の先にあるエルモの砦に近い家に
猫が目を凝らしている窓がある。
通りを歩く人に、「わたしを見て！」と
あつい視線を送っている。気がついた人と目が合うと、
そのたびに身を乗り出していた。

マルタ／マルタ島　ヴァレッタ

年下は下から挨拶

街並みが世界遺産に登録されているヴァレッタ。
聖ヨハネ大聖堂をはじめ、騎士団長の宮殿など
贅を尽くした絢爛豪華な建造物に圧倒されてしまう。
「猫村」と呼ばれる場所は、堅牢な城塞の下。
漁師小屋の窓が朝日に照らされれば、
そこは猫の特等席。海風が止んでたちまち暖かくなる。
若い猫が、猫の大将に朝の挨拶をしていた。

マルタ／マルタ島　ヴァレッタ

Malta　午後3時57分

はちみつ色の壁

小さな島国マルタが、「地中海のへそ」の異名をとるのは、
地中海のほぼまん中に位置し、太古から重要な拠点だったからだ。
騎士団ゆかりの城塞都市を歩けば、
ほどよく風化したマルタストーンのはちみつ色に、心がほどけていく。
かつて貴族の厩舎だった建物の窓は、
馬の顔の高さに合わせて作られたもの。
力の抜けた猫のシッポは、壁の色に溶け込んでいた。

マルタ／マルタ島　ヴァレッタ

Malta　午前10時43分

路地の窓で、日差しを待つ

ゴゾ島の中心地ヴィクトリアは、島のほぼ中央に位置し、
「チタデル」と呼ばれる強固な造りの大きな要塞が、
ゴゾ大聖堂を守るように築かれている。
自然豊かで野趣あふれる島にある、この町は
都会のにおいを漂わせている。中世を彷彿とさせる
迷路のような路地に、専用の窓を持っている猫。
間もなく窓に日があたる。

マルタ／ゴゾ島　ヴィクトリア

窓をはなれて

お散歩

テリトリーが狭いから、
散歩をしてもすぐに一回り

イタリア／サルデーニャ島→112ページ

ぼくはね、
見つめられると、
うれしいんだ。
ストップモーション
になっちゃうよ

スペイン／リリア→100ページ

散歩してたら、
犬に意地悪された。
ここまで届かない
だろうって、
からかってやるの

イタリア／シチリア島→ 120ページ

ぼくは足が長いので、〝ちょこちょこ歩き〟
するように気をつけてるんだ

スペイン／バダロナ→ 096ページ

Chapter 4

バルカン半島から バルト海へ

窓辺からスズメを観察し、小さな子どもを見守ったり、ゴッツンコする人を待ったりして。窓は、猫のくつろぎの場所。ピアノの音が聞こえたとき、そこにいた黒猫は黒鍵の化身かも!?

網戸に穴が開いていた

「アドリア海の真珠」と称される旧市街をそぞろに歩けば、
知るはずのない、中世への思いが募っていく。
静かな住宅地の建造物は、どれほど歴史をたどるのか。
日時計の指針は錆びついていた。
がさっと、聞きなれない音がして振り返る。
網戸を通り抜けた猫は、古井戸の上で遊ぶ
2羽のスズメに、意識を集中させていた。

クロアチア／ドゥブロヴニク

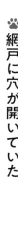

見守り役

古くから港町として栄えた小さな町の中心部で、
保育園の子どもたちが手をつなぎ、
数え歌を口ずさみながら歩いていた。
日課の散歩なのだろう。見守り役のつもりなのか、
目を細めて、見つめていた猫。園児の一人が窓に近づくと、
かくれんぼするように、猫は身をかがめた。
園児は全身を使って、きゃっきゃっとよろこんだ。

スロベニア／コーペル

Slovenia　午後4時32分

猫のいる寄宿舎

花々が咲き乱れる川岸を散策すれば、
古都であり首都である街の美しさに、心がウキウキしてくる。
リュブリャナ城に向かう坂道の途中に
若者が出入りする家があった。近くにある大学の寄宿舎だという。
隣の家から猫が毎日遊びにくる。気が向けば、
部屋に泊まることもあるが、飼い主は心配していない。
ここなら、有意義な学生生活が送れることだろう。

スロベニア／リュブリャナ

なぜか似ていた

リエカという、魅力を感じる都市名の響きに誘われ、スロベニアの港町コーペルから、国際列車に乗る。ピヴカ駅で乗り換え、国境を越えた駅で停車し、列車内で入国審査を受けるという刺激のある3時間の旅だった。リエカに到着してすぐに、「やさしさがあふれている」と感じた。ランドマークの時計台の近くで、窓にいた猫と目が合う。ふと、若い女性入国審査官の姿を思い出した。

クロアチア／リエカ

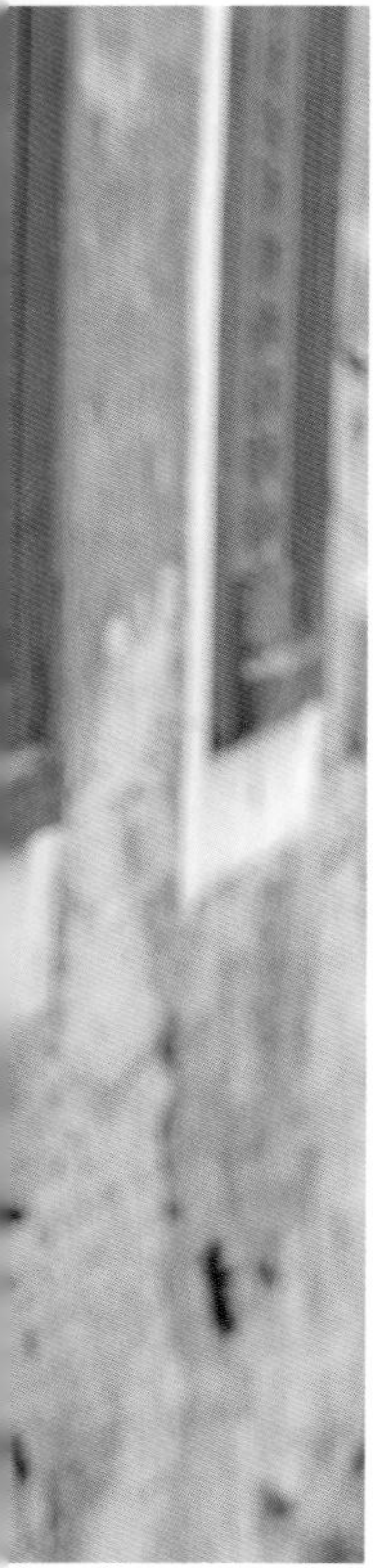

耳をすます

霧に包まれる冬の旧市街が好きだと
この町で生まれ育った人が話してくれた。
強い日差しと影の、ともすれば他人行儀な夏もいいけれど、
プラツァ通りには、コート姿がよく似合う。
ふくふくした毛並みの猫が、友だちを待っていた。
会えば必ず、おでことおでこをゴッツンコする。
緊張とうれしさが交錯する、その人の靴音が近づいてきた。

クロアチア／ドゥブロヴニク

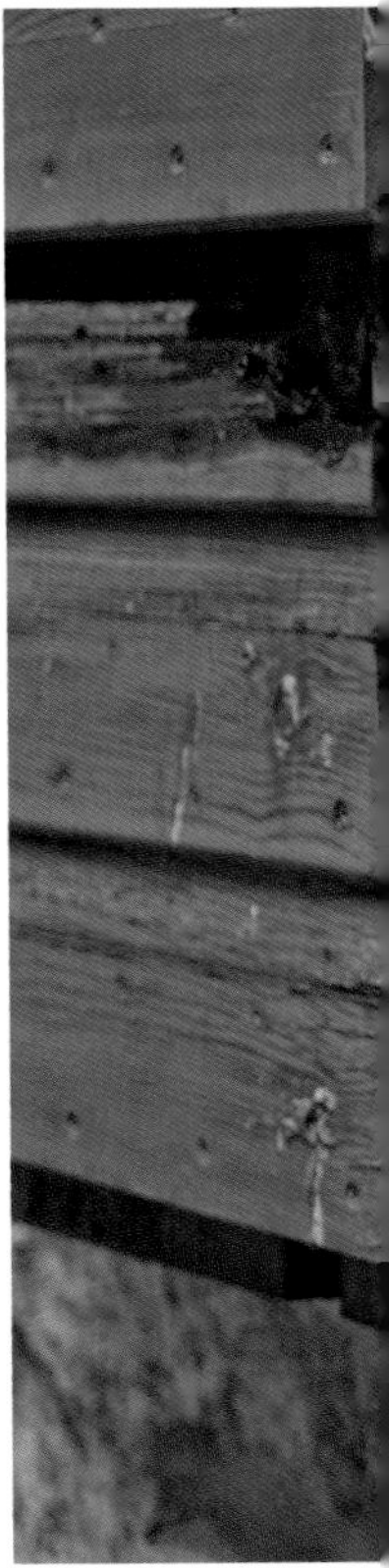

ためらい

日が暮れたあとに染まる群青色の空を見つめていた。
まるで緞帳を下ろすかのように黒い雲が覆い、
続いて細い稲妻が何本も走った。叫びにも似た
雷鳴が響き渡ったと同時に、土砂降りの雨になった。
次の日の朝、散歩に出ることをためらっている猫と出会う。
「雷がまたきたら怖いよ。それに雨上がりは肌寒いね」と、
近所の猫たちの動向をうかがっていた。

モンテネグロ／ブドヴァ

思いやりの猫

ソフィアのホテルに着いたのは、
ちょうど日没の時刻だった。
いつまでも忘れられないのは、最初に猫と出会った翌日のこと。
部屋の窓が薄く結露していた朝早く、街に出た。
覚悟したほどの寒さを感じなかったので、試しに息を吐けば、
白い塊となって流れていき、その先の窓に猫がいた。
「風邪を引かないようにね」。猫は首を傾げてやさしく言った。

ブルガリア／ソフィア

Coca-Cola
TUBORG

兄弟も、きた

猫が近づいてくる町は、人にやさしい。
ブルガリアの町をいくつか訪ねるうち
その思いが積み重なっていった。
家々が山肌に張りつくように並んで見えた
ヴェリコ・タルノヴォは、坂と階段の町。急勾配の
道ばかりなのに、体に負担を感じないのが不思議だ。
窓にいた猫と話しはじめたら、兄弟猫も加わってきた。

ブルガリア／ヴェリコ・タルノヴォ

Poland　午前 9 時 02 分

黒鍵のエチュード

ワルシャワの空港には、
この街で生まれ育った作曲家の名が冠されている。
「ピアノの詩人」を敬愛する街に漂えば、
どこからともなくショパンの旋律が流れてくる。
ふと、ピアノの音が、こぼれ落ちてきたような気がして、
見上げると、猫がいた。
ショパンが愛した黒鍵の化身ではないか、と思った。

ポーランド／ワルシャワ

犬が案内してくれた

ウィーンから電車に乗って、およそ1時間半。
国境に近いハンガリーの町、ショプロンに着いた。
小さな犬がシッポを立てて、なぜか駅から、
旧市街までの道のりを案内してくれる。
町にさしかかるところの窓辺に、凜とした猫がいて、
その家の人と話している間、猫はじっと犬を見ていた。
礼を言わなければと振り返ると、犬の姿はもうなかった。

ハンガリー／ショプロン

LOVEが入っている

地中海のなかでも穏やかなアドリア海の
終着点にあたるトリエステ湾。
趣のあるコーペルの町は、この湾に面している。
薄曇りの朝は暖かかった。ドアから出てきた猫は
窓辺に乗り、落ち着かない様子で通りを見ていた。
駆け出した猫を目で追うと、飼い主の自転車に駆け寄り、
『s LOVE nia』と書かれた前カゴに飛び乗った。

スロベニア／コーペル

Montenegro　午前9時56分

町の決まりごと？

かつて、ヴェネツィアの艦隊が帰還する際に、
黒く映る景色を右舷に認めれば、一安心したという。
「黒い山」を意味するモンテネグロには、
中世への郷愁を感じさせる町がいくつかある。
「猫と光を大切にする」、それがこの町の決まりごと。
入居者募集中の看板を掲げた家の小窓が開いていて、
子猫が姿を現した。先に外へ出た母猫は下で待っていた。

モンテネグロ／ブドヴァ

日向は移動する

城壁に囲まれたブドヴァ旧市街は、
アドリア海に突き出した小さな半島にできた町。
窓や壁にあたる光をぼんやりと眺めれば、
太陽の動きはこんなにも速いものかと
驚かずにいられない。ほんの先ほど、
日向ぼっこしたくて窓に身を寄せた猫。
気がつけば、もう光から置いてきぼりにされている。

モンテネグロ／ブドヴァ

Czech Republic　午前8時39分

公園の犬たち

ヴルタヴァ川に架かるカレル橋を東から渡ると、
景色は一変して、豊かな緑が広がった。
うれしそうにシッポを振って歩く犬たちが
広い公園に着いて、友だちと鼻先を合わせている。
その様子を窓辺から見つめる猫がいた。
「犬たちは、楽しそうね」と奥さんが、
猫の背中をそっとなでていた。

チェコ／プラハ

Poland　午前8時50分

猫も日曜日

日曜日の朝は、
カメラのシャッター音さえ遠慮しなければ、
そう思いながら通りを歩いていると、もう、
鎧戸もシャッターも、どの窓も開いていた。
コーヒーとトーストの焦げた香りに、
ふと足を止め、ぐるりと見渡せば、
くつろいだ猫の姿があった。
近づいて、そっと猫に話しかけてみる。
少しだけ耳を動かした猫だが、
こちらを向こうとはしなかった。

ポーランド／ワルシャワ

Poland　午後2時59分

だって、猫だもの

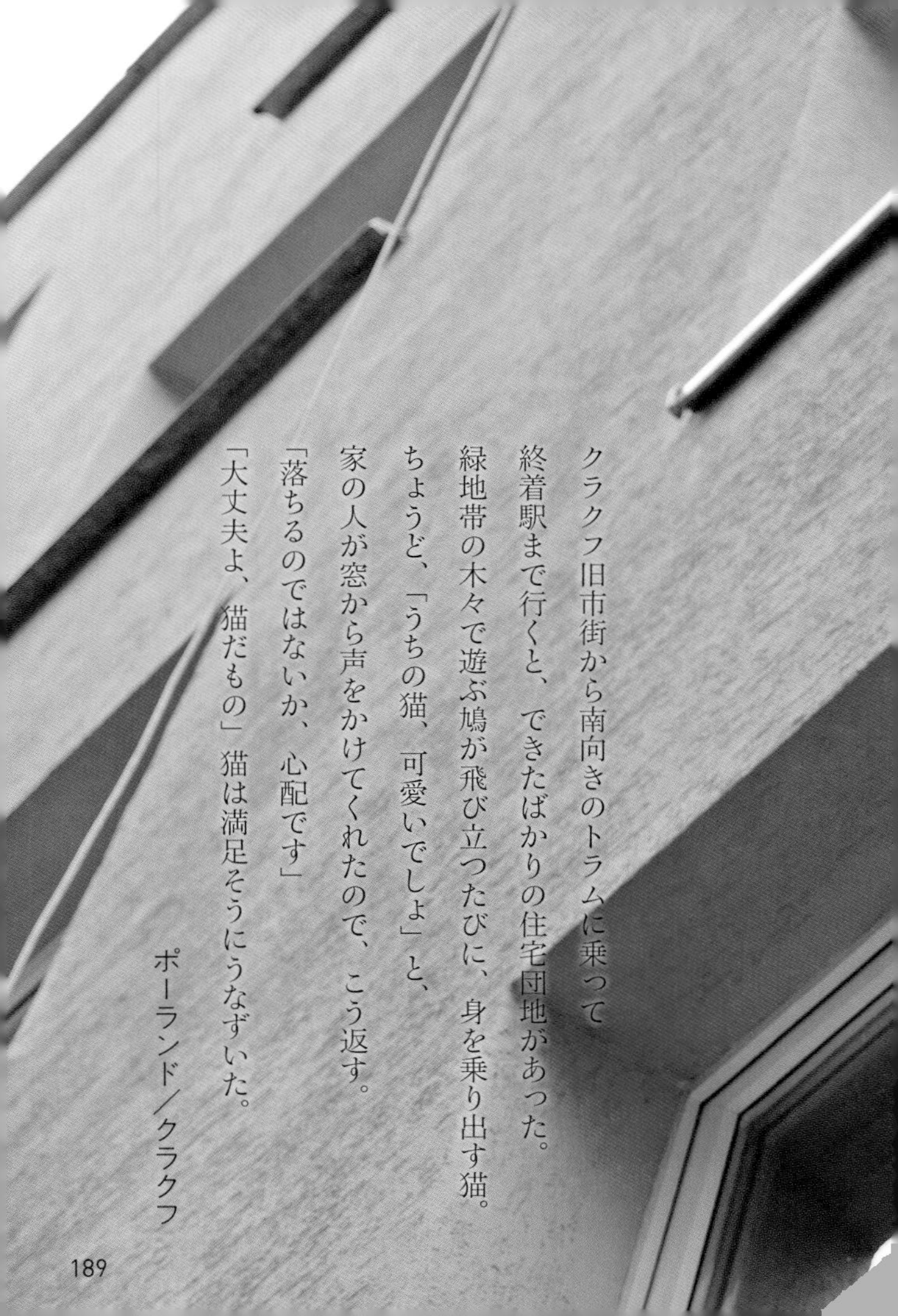

クラクフ旧市街から南向きのトラムに乗って
終着駅まで行くと、できたばかりの住宅団地があった。
緑地帯の木々で遊ぶ鳩が飛び立つたびに、身を乗り出す猫。
ちょうど、「うちの猫、可愛いでしょ」と、
家の人が窓から声をかけてくれたので、こう返す。
「落ちるのではないか、心配です」
「大丈夫よ、猫だもの」猫は満足そうにうなずいた。

ポーランド／クラクフ

すやすや

ヴィスワ川を渡った南側に
およそ130年前に整備された自然公園がある。
隣接する荘厳で古めかしい住宅街に
公園の樹木から爽やかな空気が届いている。
猫がゆったりと昼寝する窓があった。
目覚めたら、公園をパトロールするにちがいない。
養生のための布なのか、足跡がたくさんついていた。

ポーランド／クラクフ

速すぎる

バルト海に面した穏やかな町には、２００年以上前に建てられた漁師の家が、いまも大切に使われている。町の歴史遺産に指定された家の、壁にかけられている梯子は、猫のためのものでは？　そう思ったのと同時に足元に黒い猫が現れ、「見たい？　撮りたいでしょ」うなずいたとたん、猫は軽快に梯子を上ってしまった。カメラをかまえる余裕もくれず。

ポーランド／イェリトコボ

待ちかまえていた

淡いペパーミントグリーンやアイボリー、桜色などカラフルな建物外壁に気持ちが明るくなる旧市街散歩。ふいに、呼び止められたような気がして、立ち止まる。見上げれば、少し開いた窓があるだけだった。待てよ、その窓の開き具合から、猫がいたにちがいないと推測。次の日、同じ時刻より少し早めに訪れてみる。「来たか」。一瞥をくれたあと、猫は知らん顔をした。

リトアニア／ビリニュス

Lithuania　午後0時33分

雨に濡れて

湖に浮かぶトラカイ城を目指し歩いていると、ぽつぽつと雨が落ちてきた。道路はすでに濡れていたので、朝方にも降ったにちがいない。雨宿りしようと、身を寄せた軒先の窓辺に猫が丸まっていた。猫は起きて軽く伸びをし、挨拶をしてくれる。足元を見れば、雨に降られて帰ってきたようだ。濡れた犬が頭を垂れて、トボトボと通り過ぎていった。

リトアニア／トラカイ

「楽しそうだなぁ」

光を取り入れるため大きく作られた窓から、
猫が真剣な眼差しを送っている。
二人の少女が、足でボールの奪い合いをしていて、
楽しそうだが激しく、互いに譲らない。
「わたしの推しているチームが勝つの！」
サッカーW杯予選の試合をテレビで応援する
その前哨戦に、猫は目が離せない。

デンマーク／コペンハーゲン

思し召すまま

集合住宅1階の窓辺から地面まで、猫用とおぼしき木製の梯子がかけられていた。猫が梯子を利用するところを見てみたい。家の人に聞いてみると、猫を外に出してくれた。寝ているところを起こされたのか、「いまから遊びに行くっていうの？」。猫はためらい、「やっぱり、行かない」。シッポを軽くはね上げた。

ポーランド／ワルシャワ

窓をはなれて

趣味を楽しむ

店番です

日差しが強い日は、
帽子をかぶってくださいね

香港／
長洲島
→222ページ

筋トレしています。
木登りをする前に
爪とぎをすると、
気分もアガります

スリランカ／
ネゴンボ
→224ページ

趣味は
カラオケ。
午後の
休憩時間に
楽しんでます

台湾／魚池→238ページ

花の観賞。
こう見えて乙女だから、
きれいなお花が
好きなのよ

宮城県／田代島→246ページ

Chapter 5

中央アジアから極東へ

ブータンの大きな窓には、人懐こい猫が乗っている。寺院のお堂の窓から読経に耳を傾ける猫。租界だった洋館の窓で、光と戯れ光を身にまとうように毛繕い。レンガの色に似合っていた。

「ゆっくり動いてね」

標高２３００ｍのパロは、富士山五合目と同じくらいの高さ。
空気中の酸素濃度が低いので、高山病にならないよう
ゆっくり動くべしと肝に銘じていたはずなのに、
澄んだ空気に気が緩み、普段と変わらない動きをしていた。
窓辺にたたずむ優雅な猫の姿を見て、深呼吸。
そのときはじめて、ここは平地ではないと気がついた。
猫は、「よかったね」と、微笑んでくれた。

ブータン／ティンプー

CORMARAN BEACH
UNAWATUNA
DRESS CODE
WHITE
AND
BLACK
BEST LIVE FIRE DANCE ACT BY "KURULU"

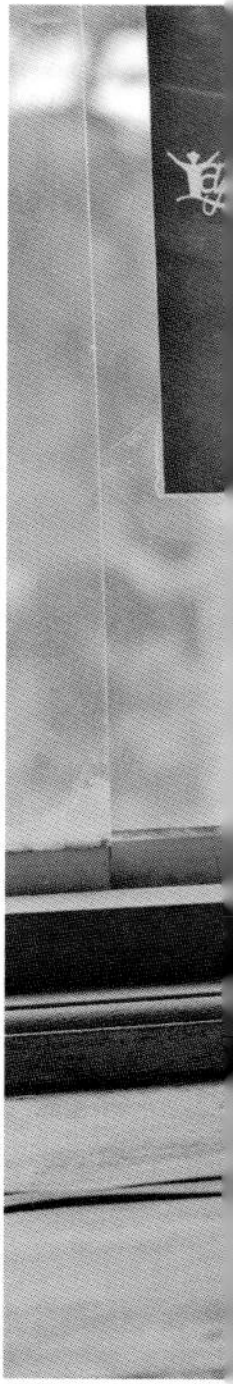

Sri Lanka　午後4時32分

隠れた太陽

「ゴールの旧市街とその要塞群」として、世界遺産に登録された町では、オランダやポルトガル、イギリスの支配を受けた大航海時代の歴史を、つぶさに感じることができる。

インド洋に沈む、美しい太陽に願いを込めるため、「砲台の遺構」には日の傾く前から、大勢の人が集っていた。

あいにく、厚い雲がかかってしまい、日没は見られそうにない。

西の窓にいた猫は、引き続き惰眠をむさぼることにしたようだ。

スリランカ／ゴール

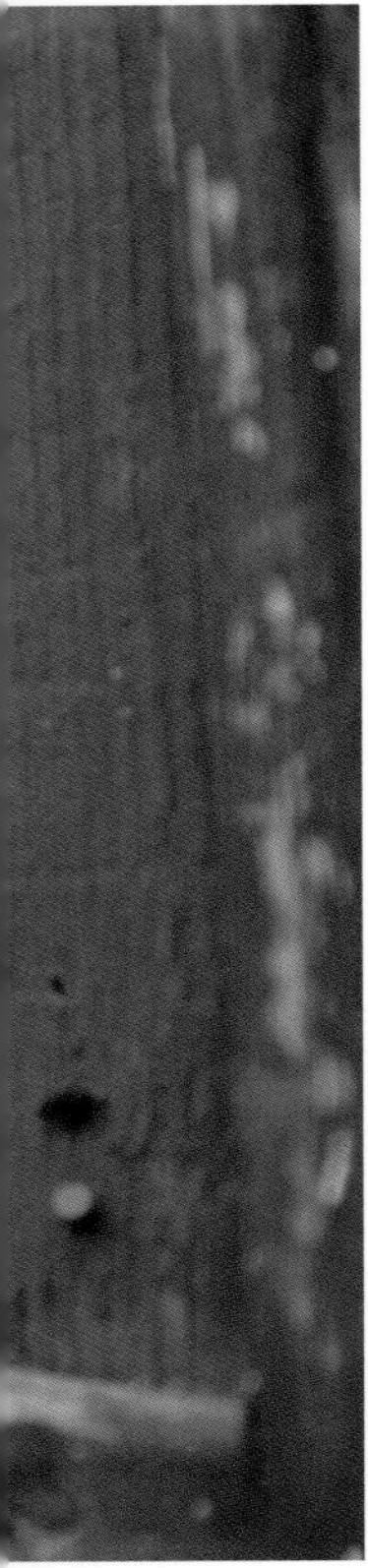

だんだんと目が細くなる

パロ川の河川敷にブータン唯一の国際空港がある。人々が行き交う小さな町で、まず目についたのは、民族衣装を身にまとった人々の姿。
子どもたちも伝統の服を着こなして、可愛らしかった。笑い声とともに石けりをする彼らを眺める猫は、目を細めていた。それから、学校帰りの女生徒たちにつぎつぎとなでられて、猫の目はますます細くなった。

ブータン／パロ

Thailand 午後4時59分

修行僧の猫

山岳地帯へと向かう山道に、荘厳な寺院が現れた。
「瞑想寺」とも呼ばれるその寺院には、
１０８より多い数の窓がある。
修行僧の寄宿舎に窓と扉が行儀よく並んでいた。
修行僧といっしょに暮らしているのだろうか。
窓から出かけようとしている猫と目が合う。
怪訝そうに目をまん丸くした猫の、動きが止まった。

タイ／チェンマイ

白い手袋に見とれて

ティンプー川は、谷の底を静かに流れている。
川を見下ろすように街はまとまっていて、
古い市場の様相は、なぜか懐かしさを感じさせた。
この国にただ一つだけの交通信号を見つめる猫がいた。
手信号で、交差点中央に設けられたボックスから
白い手袋の警察官が回りながらサインを送る。
見とれて猫は、ときどき首を傾げていた。

ブータン／ティンプー

Thailand　午前11時37分

自慢の首輪

森の中に、その静かなカフェはあった。
森で暮らす猫たちが、１匹また１匹とやってくるので
お客さん扱いをして、食べ物を供するうちに、
店は繁盛していった。それから、
猫たちは、首輪と名前をもらって大よろこび。
縁起がよいと評判になった店の窓から、
今日も猫は見守っている。

タイ／チェンマイ

Bhutan　午前10時08分

犬にご注意

国の動物に指定されたターキンを保護区に見に行くと、
野生のヤクや、ウサギの希少種にも接することができた。
命は神から授かったものと、のら犬も自由にしている。
おとなしい犬もいるが、猫と見れば追い回す輩も。
穀物を商う店の猫は、犬よりも高い位置にある窓から、
厳しい眼差しを向けていた。
奔放に走るのら犬たちを快く思っていないらしい。

ブータン／ティンプー

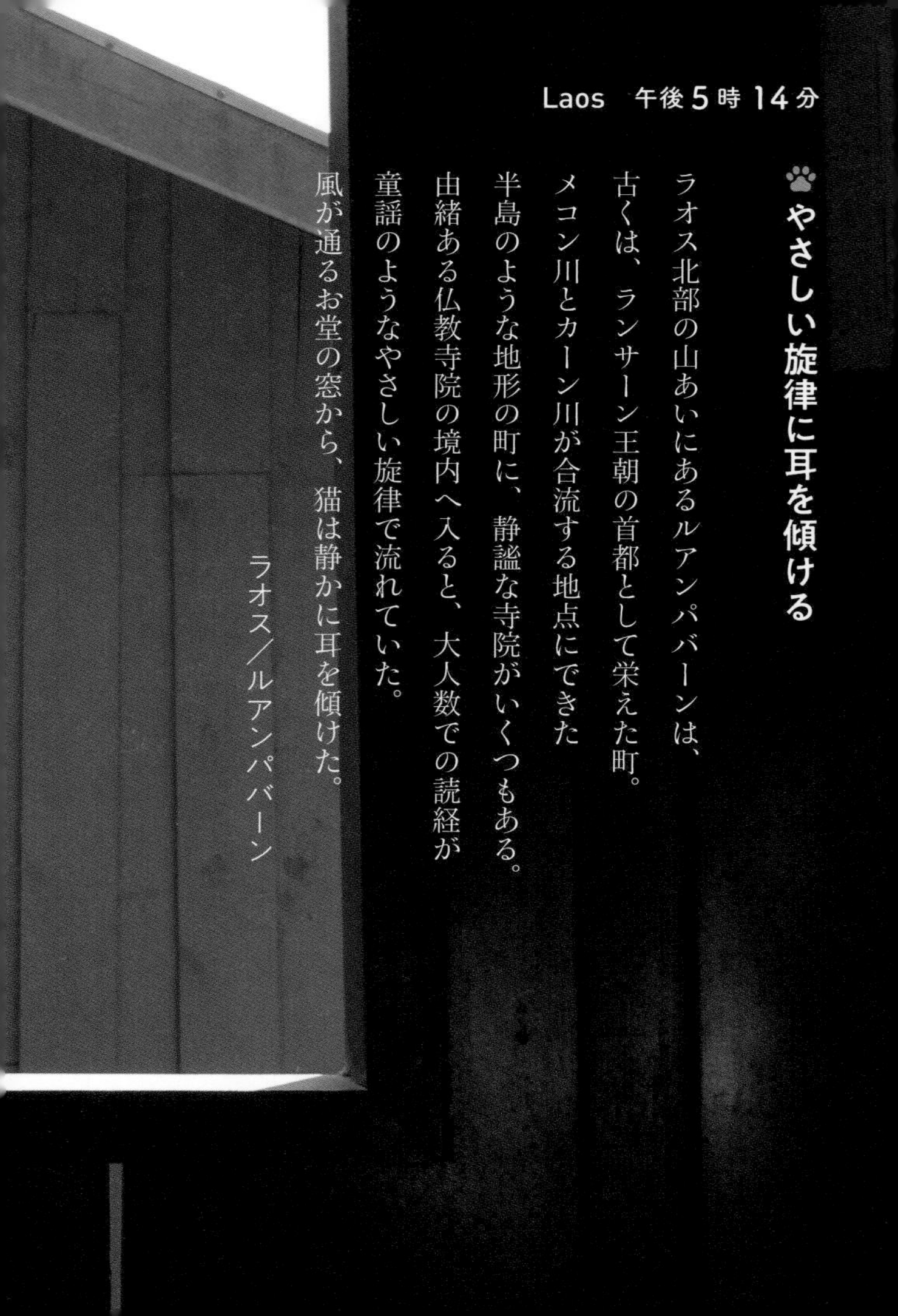

Laos　午後5時14分

やさしい旋律に耳を傾ける

ラオス北部の山あいにあるルアンパバーンは、古くは、ランサーン王朝の首都として栄えた町。メコン川とカーン川が合流する地点にできた半島のような地形の町に、静謐な寺院がいくつもある。由緒ある仏教寺院の境内へ入ると、大人数での読経が童謡のようなやさしい旋律で流れていた。風が通るお堂の窓から、猫は静かに耳を傾けた。

ラオス／ルアンパバーン

Hong Kong　午後4時12分

張り紙は、ハートの形

香港島や九龍のように高層のビルがない長洲（チュンチャウ）島には、
やわらかな光が降り注いでいる。
人通りの多い広場に面した洪聖（フンシン）古廟近くにある
おもちゃ屋のショーウィンドーに、
寝息が聞こえてきそうな猫の姿があった。
「びっくりするから、ガラスを叩かないでね」
張り紙は、ここが猫の定位置だと語っていた。

花を覗く

ハミルトン運河に沿って、ゆっくり歩いていると
いつしか香辛料と魚醤の香りに包まれていた。
料理から漂う軽さはなく、土地に染みついたにおいだ。
気がつけば、太陽は高くなり、風は凪いでいる。
日陰を探して路地へ入ると、大きな門構えの家に
デザートローズが咲いていていた。窓辺にいた子猫は
花の中に小さな虫を見つけ、そろりそろりと覗き込んでいる。

スリランカ／ネゴンボ

シルクロードの猫

ヒワの町を訪れたとき最初に感じた、埃っぽさを思い出す。
黄土色の町並みの中に、青いタイルで覆われた
歴史あるミナレットが、威風堂々とそびえていた。
先祖代々、城塞の町で暮らす家の若い女性が、
飼い猫を紹介してくれた。窓辺で日を浴びていた猫を
さわらせてもらうと、独特な感触がした。
毛の1本1本がとても細くて、絹のように滑らかだった。

ウズベキスタン／ヒワ

Bhutan　午前10時08分

客を迎える

国際空港に近い町だから、この町には多くの旅人が訪れる。
目抜き通りに整然と立ちならぶ木造家屋の大きな窓は、
のんびりとした人々の暮らしを伝えているかのようだ。
日用品雑貨を商う店の窓は開け放たれ、
向かいの寺で回されるマニ車の乾いた音を拾っていた。
猫は、いつも店の窓にいる。
通りかかる人がかまってくれるのを、待ちかまえている。

ブータン／パロ

祭りの熱狂を知っている

香港島の西に浮かぶ長洲島へは、
中環埠頭から高速船に乗れば、30分ほどで到着する。
5月頃に行われる「饅頭祭り」は、島の一大イベントで
島外からも大勢の人が訪れ、おしくらまんじゅう状態になる。
祭りの日が近づけば、活気ある島がさらにヒートアップ。
「今年もいよいよはじまるね」
熟年猫は公設市場2階の窓から、祭りの準備を眺めていた。

香港／長洲島

朝日のあたる洋館

約100年前まで70年にわたりイギリス租界だったアモイでは、
ヨーロッパの香りがそこはかとなく感じられる。
島だからこそ租界時代の余韻があるのか、
アモイ島から、コロンス島へと渡れば、
さらに、タイムスリップした感覚が加わる。
洋館の窓辺で、日向ぼっこをしていた猫は、
建物の雰囲気に似合った顔立ちをしていた。

〝ニャ〟つながり

コルホーズの団地にいるきれいなライカ犬を紹介しよう。
そう言われてアーニャといっしょに訪ねてみたが、
ライカ犬の主人に急用ができてしまい、会えなかった。
残念。意気消沈して下を向いて歩いていては、
2階の窓辺にいる猫に気づくことはできない。
飼い主の女子大生は、ソーニャ。猫の名前はドロゥニャ。
「〝ニャ〟つながり。みんな仲間だね」と、笑った。

ロシア／ウラジオストク

China　午前11時13分

考えごとをする

アモイはおしゃれな町で、魅力あるところだけれど、雑踏は目まぐるしくて、落ち着かない面がある。

少し疲れを感じたら、船で10分のコロンス島へ小旅行。ピンクや白のブーゲンビリアが、そよ風に揺れていた。

自動車が走っていないので、自然の音がよく聞こえ、猫は、気ままに自分の時間を楽しむことができる。

毛繕いが、考えごとをしているかのような所作だった。

中国／アモイ

Taiwan　午後3時41分

客の到着を待つ

日月潭（リーユエタン）は、台湾のほぼ中心に位置する湖で、
国家風景区に指定されている人気の観光地。
湖畔に見える山から昇り、水面に映る中秋の名月は、
それはそれは神秘的で美しいという。
湖の近くに、5匹の猫が暮らす人気の宿がある。
飼い猫や犬を連れていっしょに泊まれる宿で、
もてなし上手な猫が、宿泊客の到着を待っていた。

台湾／魚池

気持ちの充電

クリニックの休憩時間は、ひっそりとしていた。
猫が眺めていた窓からは、石畳の歩行者専用道路に残された
ナローゲージ（軽便鉄道）線路跡が見える。
散歩する犬や、下校途中の生徒たちが猫の前を通るが、
椅子の色と同化しているためか、誰も気づかない。
午後の待合室にも明るさを届けたくて、
変わりない風景を眺め、気持ちの充電をしている。

台湾／花蓮

Taiwan　午前9時26分

黒いゴールド

線路に入って、願い事を書いたランタン（天燈）に火を入れると、
十分（シーフェン）の空に、希望となって舞い上がる。
かつてこの町は、「黒いゴールド」と呼ばれた石炭の
採掘場として栄え、石炭ラッシュに沸いた時代があった。
窓辺から、つやつやした毛並みの黒猫が、
懐かしむような目で、遠く「炭鉱遺構」を眺めている。
黒金（オーキン）という名前だった。

いまはない村

平屋の住居が軒を連ねる集落を訪ねたくて、
紅毛港（ホンマオガン）の村へと向かった。この地名は、
オランダ統治時代に貿易港として整備されたことに由来する。
窓にときどき身をゆだねたりしながら、
キツネナスという名の植物を見守っていた猫。
蒸し暑さもひととき遠のいたような風が吹いていた、
あの懐かしい紅毛港の村は、いまはもうない。

台湾／高雄

「ことら」という名で、女の子

「猫島」として親しまれている田代島《たしろじま》を目指し
石巻を出航したフェリーは、その名も「シーキャット」。
左舷に牡鹿《おしか》半島を眺めながら、手の届くところで
泳ぐように飛ぶカモメが、ワクワク感をいっそう盛り上げる。
島の港に着けば、猫たちが出迎えてくれた。
明り取りの窓から手招きした「ことら」は、ご機嫌ななめ？
いえいえ、お気に入りの場所でくつろいでいる顔なのだ。

日本／宮城県　田代島

あとがき

「窓にいるのには、わけがあるんだよ」

猫は、なぜ窓辺にいるの？

理由はいろいろあると思う。外が見たい。音を聞きたい。気温を感じたい。においを嗅ぎ、新鮮な空気を吸いたい。そこにいれば、退屈や寂しい気持ちはなぐさめられ、日にあたることで体調が整っていく。そして、さまざまな情報を得ることが、知識や経験の蓄積につながると知っているのではないだろうか。

窓にいる猫とアイコンタクトをとると、あるとき気持ちの交換ができた気がした。左の写真は本書80ページに登場している猫で、雨上がりの夕方に出会った。投げ出した片足を見て、もしかしたら怪我でもしているのではないかと心配になり「だいじょうぶ?」と目で合図を送ると、立ち上がり、もう片方の足に替えた。「なぁんだ、君は足をぶらぶらするのが好きなの?!」わたしは安堵し、とても幸せな気持ちになった。

翌朝も、その猫は窓にいた。「また君に会えて、うれしいよ〜」と心の中で叫んだ。彼はわたしの瞳を覗くように見たあと、思いもよらない動きをした。一瞬のことだった。そのとき、若い男性がマグカップを片手に笑顔で手を振った。突然のパフォーマンスは、飼い主さんへの感謝の気持ちだったのかもしれない。

猫には、窓から伝えたいことがある。

２０２２年９月１日

新美敬子

本書は、YKK AP株式会社のFacebook公式ブランドページにおいて、【ねこまど】（#31、#32、#34〜#261）で掲載された中から110編を選び、加筆、修正し、新たに写真と文章を加え、編集した文庫オリジナルです。

本文デザイン＝STILL
編集協力＝松崎久子

|著者| 新美敬子　1962年愛知県生まれ。犬猫写真家。1988年よりテレビ番組制作の仕事につき、写真と映像を学ぶ。世界を旅して出会った猫や犬と人々との関係を、写真とエッセイで発表し続ける。近著に『猫のハローワーク』『猫のハローワーク２』（講談社文庫）をはじめ、『世界の看板にゃんこ』（河出書房新社）、『わたしが撮りたい〝猫となり〟』（主婦の友社）など。

世界《せかい》のまどねこ

新美敬子《にいみけいこ》

講談社文庫

定価はカバーに
表示してあります

2022年10月14日第１刷発行

KODANSHA

発行者——鈴木章一
発行所——株式会社　講談社
東京都文京区音羽2-12-21　〒112-8001
電話　出版（03）5395-3510
　　　販売（03）5395-5817
　　　業務（03）5395-3615

デザイン—菊地信義
本文データ制作—講談社デジタル製作
印刷———株式会社KPSプロダクツ
製本———株式会社国宝社

Printed in Japan

ISBN978-4-06-529578-6

講談社文庫刊行の辞

二十一世紀の到来を目睫に望みながら、われわれはいま、人類史上かつて例を見ない巨大な転換期をむかえようとしている。

世界も、日本も、激動の予兆に対する期待とおののきを内に蔵して、未知の時代に歩み入ろうとしている。このときにあたり、創業の人野間清治の「ナショナル・エデュケイター」への志を現代に甦らせようと意図して、われわれはここに古今の文芸作品はいうまでもなく、ひろく人文・社会・自然の諸科学から東西の名著を網羅する、新しい綜合文庫の発刊を決意した。

激動の転換期はまた断絶の時代である。われわれは戦後二十五年間の出版文化のありかたへの深い反省をこめて、この断絶の時代にあえて人間的な持続を求めようとする。いたずらに浮薄な商業主義のあだ花を追い求めることなく、長期にわたって良書に生命をあたえようとつとめるところにしか、今後の出版文化の真の繁栄はあり得ないと信じるからである。

同時にわれわれはこの綜合文庫の刊行を通じて、人文・社会・自然の諸科学が、結局人間の学にほかならないことを立証しようと願っている。かつて知識とは、「汝自身を知る」ことにつきていた。現代社会の瑣末な情報の氾濫のなかから、力強い知識の源泉を掘り起し、技術文明のただなかに、生きた人間の姿を復活させること。それこそわれわれの切なる希求である。

われわれは権威に盲従せず、俗流に媚びることなく、渾然一体となって日本の「草の根」をかたちづくる若く新しい世代の人々に、心をこめてこの新しい綜合文庫をおくり届けたい。それは知識の泉であるとともに感受性のふるさとであり、もっとも有機的に組織され、社会に開かれた万人のための大学をめざしている。大方の支援と協力を衷心より切望してやまない。

一九七一年七月

野間省一

講談社文芸文庫

古井由吉
楽天記
解説＝町田 康　年譜＝著者、編集部

夢と現実、生と死の間に浮遊する静謐で穏やかなうたかたの日々。「天ヲ楽シミテ、命ヲ知ル、故ニ憂ヘズ」虚無の果て、ただ暮らしていくなか到達した楽天の境地。

ふA15
978-4-06-529756-8

古井由吉／佐伯一麦
往復書簡
『遠くからの声』『言葉の兆し』
解説＝富岡幸一郎

二十世紀末、時代の相について語り合った二人の作家が、東日本大震災後にふたたび歴史、自然、記憶をめぐって言葉を交わす。魔術的とさえいえる書簡のやりとり。

ふA14
978-4-06-526358-7

講談社文庫　目録

2022年9月15日現在